云南名特药材种植技术丛书

丹参

Danshen 《云南名特药材种植技术丛书》编委会 编

云南出版集团公司
云南科技出版社
·昆明·

图书在版编目（CIP）数据

丹参 / 云南科技出版社编委会主编. -- 昆明：
云南科技出版社，2018.8（2021.8重印）
（云南名特药材种植技术丛书）
ISBN 978-7-5587-1544-0/01

Ⅰ.①丹… Ⅱ.①云… Ⅲ.①丹参－栽培技术 Ⅳ.
①S567.5

中国版本图书馆CIP数据核字(2018)第184408号

责任编辑：唐坤红
　　　　　李凌雁
　　　　　洪丽春
封面设计：余仲勋
责任校对：张舒园
责任印制：蒋丽芬

云南出版集团公司
云南科技出版社出版发行
（昆明市环城西路609号云南新闻出版大楼　邮政编码：650034）
云南灵彩印务包装有限公司印刷　全国新华书店经销
开本：850mm×1168mm　1/32　　印张：1.5　字数：38千字
2018年12月第1版　　2021年8月第3次印刷
定价：18.00元

序

彩云之南自然环境多样，地理气候独特，孕育着丰富多样的天然药物资源，"药材之乡"的美誉享誉国内外。

云药资源优势转变为产业优势的发展特色突出，亦带动了生物产业的不断壮大。当下，野生药用资源日渐紧缺，采用人工繁育种植方式来满足医疗保健及产业可持续发展大势所趋。丛书选择了天麻、灯盏细辛、当归、石斛、木香、秦艽、续断等云南名特药材，特别是目前野生资源紧缺，市场需求较大的常用品种，以种植技术和优质种源为重点内容加以介绍，汇集种植生产第一线药农的实践经验，病虫害防治方法等，凝聚了科研人员的研究成果。该书采用浅显的语言进行了论述，通俗易懂。云南中医药学会名特药材种植专业委员会编辑成的该套丛书，对于云南中药材规范化、规模化种植具有一定指导意义，为改善和提高山区少数民族群众收入提供了一条重要的技术途径。愿本套丛书能够对推动我省中药种植生产事业发展有所收益，此序。

云南中医药学会名特药材种植专业委员会

名誉会长

前　言

　　绿色经济强省，生物资源是支撑。保持资源的可持续发展，是生态文明建设的前瞻性工作。云南省委、省政府历来高度重视生物医药发展，将生物医药产业作为云南特色支柱产业来重点发展。中药材种植是生物医药产业发展的源头，有言道："好山好水出好药""药材好，药才好"……因地制宜，严格按照国家有关法规和科学技术指导规范种植，方能产出优质药材。基于云南生物资源开发现状考量，云南省中医药学会名特药材种植专业委员会汇集了云南药物研究所、云南农业科学院药用植物研究所、云南中医学院、云南农业大学等单位的专家学者，整理并撰写了目前在云南省中药材种植生产中有一定基础与规模的20个品种中药材的种植技术，编辑出版本丛书，较大程度地适应了各地中药材种植发展的迫切需要。

　　云南地处北纬21°～29°，纬度较低，北回归线从南部通过，全年接受太阳辐射光热多，热量丰富；加之北高南低的地势，南部地区气温高积温多，北部地区气温低积温少；南北走向的山脉河谷，有利于南方湿热气流的深入，使南方热带动植物沿河谷北上。北部山脉又阻挡了西伯利亚寒冷气流的侵袭，北方的寒温带动植物沿山脊南下伸展。东面湿热地区的动植物又沿金沙江河谷和贵州高原进入，造成河谷地区炎热、坝区温暖、山区寒冷等特点。远离海洋不受台风的影响，大部分地区热量充足，雨量充沛。多种类型的气候生态环境，造就了云南自然风光无限，物奇候异，由此被人们美称为"植物王国"。

云南中草药资源十分丰富，药用植物种数居全国第一，在中药材种植方面也曾创造了多个全国第一。目前云南的中药材种植产业承担了云南全省乃至全国大部分中医药产品的原料供给。跨越式发展中药材种植产业方兴未艾，适应生物医药产业的可持续发展趋势尤显，丛书出版正当时宜。

本书编写时间仓促，编撰人员水平有限，疏漏错误之处，希望读者给予批评指正。

云南省中医药学会
名特药材种植专业委员会

目　录

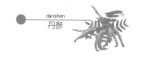

第一章 概 述

　　本品为唇形科鼠尾草属丹参植物Salvia miltiorrhiza Bge.的干燥根和根茎。上述品种是历版《中国药典》收载的品种，丹参也是历史上和现代各种中医药书籍收载的重要品种。同属多种植物还收载于各地药品标准或在民间作为丹参入药使用，应加以仔细区别。别名赤参、木羊乳、紫丹参、红根、山红萝卜、活血根、靠山红、红参、血参根、红丹参等。据现代科学研究丹参含有丹参酮类、隐丹参酮类、异丹参酮类、丹参新酮等几十种成分。现代药理研究证实丹参对心、脑血管系统的血管、血压、心肌缺血、心肌梗塞，血脂和动脉硬化有改善和促进作用。对血液系统有抗凝血、促纤溶，抑制血小板聚集抗血栓形成，对血红细胞有促进和保护作用。对机体有抗缺氧，促进免疫功能，有保护肝损伤等作用。丹参具有活血化瘀，理气止痛，养血安神，是调节血脉，活血化瘀，祛瘀生新、镇静安神、凉血消痈、调经止痛功效。治疗月经不调、痛经、产后瘀阻腹痛、关节酸痛、神经衰弱、失眠、心悸、痈肿疮毒等症。丹参是全国重要的常用中药品种之一，也是中成药制剂的常用原料之一，据不完全统计有250多种中成药使用丹参作为原料。市场上还出现丹参叶片、茶等产品，经检验，丹参茶的抗老化能力是普通绿茶的6倍，还有安神、降血脂、血压、血糖"三高"的功效。因此，丹参是中医配方和重要医药工业原料，市场需求量大，种植生产发展前景广阔的品种，目前全国多数省份均有人工种植栽培。

一、历史沿革

丹参始载于《神农本草经》，列为上品，历代本草均有收载。《名医别录》中又名"赤参"，因其根色红，故名。本品根形似人参，皮丹而肉紫，故名丹参、紫丹参。《吴普本草》载："茎华小，方如荏(即白苏)，有毛，根赤，四月华紫，三、四月采根，阴干。"《本草图经》称："二月生苗，高一尺许，茎方棱，青色。叶生相对，如薄荷而有毛，三月开花，红紫色，似苏花。根赤大如指，长亦尺余，一苗数根。"《名医别录》载："……今近道处处有之。茎方有毛，紫色，……"《证类本草》中有随州丹参的插图，与《本草纲目》中的插图虽有不同，但论述的内容却相同。时珍曰："处处山中有之，一枝五叶，叶如野苏而尖，青色皱皮。小花成穗如蛾形，中有细子。其根皮丹而肉紫。"自《神农本草经》至《本草纲目》记载丹参均为丹参*Salvia miltiorrhiza* Bge.。产地为安徽、山东、山西、河南、湖北、陕西等地，过去多采用野生资源，进入21

世纪后各地开始种植，现产区种植面积最大，质量较好为山东省、河南省。采收期为三至九月，但现在认为地上部分枯萎后的冬季采收质量较好。

明代兰茂《滇南本草》记载的丹参，经近代药学工作者考证认为是同属植物云南鼠尾。清代吴其浚《植物名实图考》记载的也是同属植物丹参、小丹参、劲枝丹参以及中华人民共和国成立后发现的甘肃丹参、褐毛丹参等在历代本草中未曾记载，但在各地习用，有的已经发展成地方习用药材，在第二章中简要介绍，大家在选择种植生产时要加以区分。

二、资源分布情况

唇形科鼠尾属植物资源丰富，全世界有千余种，我国分布有78种，24变种，8个变型，各地均有分布，

图1-1

图1-2 褐毛甘西鼠尾 图1-3 滇丹参

以云南资源最为丰富。丹参种源品种较为复杂，药典只收载丹参*Salvia miltiorrhiza* Bge.，在种植发展时要严格区分。药典收载丹参品种主要产于四川、安徽，近年来随着药材种植业的发展，山东丹参种植发展很快，成为全国丹参商品的最大产区。本属植物在云南资源丰富，品种复杂，分布有37种，12个变种，4个变型。主要药用品种甘西鼠尾(甘肃丹参)，褐毛鼠尾(大紫丹参)、三叶鼠尾、云南鼠尾(滇丹参)，其中褐毛甘西鼠尾和云南鼠尾收载于《云南省药品标准（1974年版）》，褐毛甘西鼠尾分布于昭通、大理、迪庆等地，云南鼠尾分布于昆明、曲靖、昭通、楚雄、大理、丽江、红河等地。甘西鼠尾主要分布于楚雄、大理、丽江、迪庆等地，三叶

鼠尾分布于丽江、大理等地，其他种在民间有少量应用。《云南省药品标准（1974年）》收载过的两个丹参品种，在一些药厂生产的中成药制剂中将其作为原料，云南中医界认为"滇丹参或小紫丹参"功效具有独特之处，得到医患双方认可市场上有一定需求，由于野生资源的稀缺，价格已接近每千克百元。目前还没有开展人工驯化种植，应引起政府有关部门和药材种植发展的有识之士重视，进行研究该药材品种种植发展，以缓解市场上云南产"丹参类"的紧缺情况。

三、发展情况

丹参是中医药宝库中的重要品种，云南产丹参类药材与药典收载药材丹参功效基本相似。兰茂先生所著的《滇南本草》载："丹参，味微苦，性微寒。色赤像火，入心经。补心，生血，养心，定志，安神宁心，健忘怔忡，惊悸不寐，生新血，去瘀血，安生胎，落死胎。一物可抵四物汤补血之功。"可见兰茂先生对丹参功效评价是极高的。《中国药典》收载丹参品种和云南产被收入《云南省药品标准》的几个丹参品种，化学成分相似，药理作用明显，都具有活血化瘀，宁心安神，调经止痛等功效。全国丹参种植面积达百万亩，在西南、西北、华北至中南地区都有种植，年产量达到上万吨。在云南各少数民族对丹参药用历史悠久广泛，在中医、民族医或民间医配伍与临床应用中十分常见，也广泛用于中成药制剂的产品（丹参片、复方丹参片等）。是人们治疗心血管系统、抗肿瘤、抗缺氧和降血脂等疾病的理想药物，广泛应用于中老年人的康复保健。随着我国人口老龄化程度的提高，中药丹参发展应用前景将不可限量。

图1-4

第二章　形态特征

一、植物形态特征

1. 丹参（*Salvia miltiorrhiza* Bge.）

多年生草本，高30～100㎝，根圆柱形，砖红色，茎直立，全株密被柔毛，奇数羽状复叶互，小叶3～5枚，卵圆形或椭圆状卵圆形或宽披针形，先端锐尖或渐尖，基部圆形或偏斜，边缘具圆锯齿被疏柔毛，下面较密。轮伞花序6～多花，排成总状花序或圆锥花

图2-1

序，苞片披针形，花萼钟状，外面被疏长柔毛，具缘毛，内面中部密被白色长硬毛，二唇形，上唇全缘，三角形，先端具3个小尖头，上唇与下唇近等长，深裂成2齿，齿三角形，先端渐尖；花冠紫蓝色，花冠筒常向外延伸或向上弯曲，外被具腺短柔毛，尤以上唇为密，内面离冠筒基部约2～3cm有斜生不完全疏柔毛毛环，能育雄蕊2枚，伸至上唇片，花丝比药隔短。小坚果4个，椭圆形。花期5～8月，果期8～9月。

2. 云南鼠尾*S. yunnanensis* C.H.Wright（小紫丹参）

多年生草本，高10～30cm，根纺锤形，红棕色。叶基生，稀茎生，单叶或羽状复叶，小叶3或5枚，顶生小叶最大，卵圆形或椭圆形，侧生小叶卵圆形，极小，两面密被或疏被长疏柔毛，稀变无毛，通常变细皱。轮伞花序4～6花，疏离，组成总状圆锥花序；苞片小，椭圆状披针形，花萼钟形，外面沿脉被长

图2-2 滇丹参全株

柔毛，余部被腺体，萼口边缘具缘毛，内面布满微硬伏毛；花冠蓝紫色，外被短柔毛，内面在冠中下部被微柔毛；能育雄蕊2枚，包在花冠上唇内，花丝比药隔短。花期4～8月。

3. 甘西鼠尾*S. przewalskii* Maxim.（甘肃丹参）

多年生草本，高达60cm，根粗壮，红褐色，直伸，圆锥形，扭曲成瓣状。茎直立，自基部分支，密被短柔毛。单叶，基出或茎出，均具柄，密被微柔毛；叶片三角状或椭圆状戟形基部戟形，边缘三角状或半圆状牙齿，上面被微硬毛，下面密被灰白绒毛。轮伞花序2～4花，疏离，组成总状花序，有时具腋生的总状花序而形成圆锥花序；苞片卵圆形或椭圆形；花萼钟形，外面密被具腺长柔毛，内面散布微硬伏毛，二唇形，上唇三角状半圆形，先端有3短尖或无，下唇较上唇短，半裂为二齿，齿三角形，先端锐尖；花冠紫红色，外被疏柔毛，内面离基部3～5mm有斜

图2-3　甘肃丹参植株

向疏柔毛毛环；花丝扁平，比药隔长；花柱略伸出花冠，顶端不等2裂。小坚果倒卵形，灰褐色，无毛。花期5～8月。

4. 褐毛甘西鼠尾*S. przewalskii* Maxim.var. *mandarinorum* Stib（大紫丹参）

本品植物形态特征与甘西鼠尾十分相似，区别在于根紫褐色；叶下面干时被污黄色或浅褐色绒毛，叶基有时耳状。

图2-4 大紫丹参植株

5. 黄花鼠尾*S. flava* Forrest et Diels (黄花丹参)

多年生草本，高20～50cm。根黑褐色。茎被疏柔毛或近无毛。

单叶，基生或茎生，卵圆形三角状卵圆形，上面疏被平伏的柔毛，下面沿脉被平伏的柔毛，下面沿脉被短柔毛，余部密被紫褐色腺点。轮伞花序2~4花，组成总状花序或圆锥花序；苞片4，花萼钟形，外被具腺若无腺疏柔毛，散布明显紫褐色腺点，内面满布硬毛，二唇形；花冠黄色，外面近无毛，近冠筒内面有斜向不完全的疏柔毛毛环；能育雄蕊2枚，伸至上唇，花丝比药隔短。

图2-5　黄花丹参

二、植物学分类检索

表2-1　丹参植物学分类检索表

1. 单叶，主根明显，圆锥形，一般不分枝，常结合成索状。

　2. 花丝比药隔长；叶三角状或椭圆状戟形，上面被微硬毛；花冠紫红色；根紫红色或紫褐色。

　　3. 叶基部戟形或心形，下面密被灰白绒毛；根红褐色　甘西鼠尾

　　3. 叶基部有时成耳状，下面干时被污黄色或浅褐色绒毛；根紫褐……………………………………………褐毛甘西鼠尾

　2. 花丝比药隔短；叶三角状卵圆形，上面被疏柔毛；花冠黄

色；根黑褐色……………………………………………黄花鼠尾

1.奇数羽状复叶；主根不明显，圆柱形或纺锤形，多分枝。

 4.花冠筒内几乎全部被柔毛，无毛环。

  5.叶通常为3小叶，稀5叶；轮伞花序2花；花冠蓝紫
  色……………………………………… 三叶鼠尾

  5.叶通常为5小叶；轮伞花序6至多花；花冠筒内布
  满微硬伏毛，无明显毛环，花冠紫红色；根纺锤
  形…………………………………………云南鼠尾

  6.叶两面常被疏柔毛，花萼钟形；花冠筒常外伸或向
  上弯曲，花冠紫蓝色………………………………丹参

  6.叶两面常被疏柔毛，花萼钟形；花冠筒常外伸或向
  上弯曲，花冠白色……………………………白花丹参
  （分布于安徽、湖北）

 注：云南省丹参属资源丰富，除上述品种处，在云南西北部还有长冠鼠尾（大理称"丹参"）、毛地鼠尾（丽江称"银滇丹参"）、橙色鼠尾（丽江称"马蹄叶红仙茅""滇丹参"）、栗色鼠尾（维西称"滇丹参"）、雪山鼠尾（丽江称为"紫花丹参"）、戟叶鼠尾（大理称为"滇丹参"），在滇东北还有荞麦地鼠尾（巧家称"丹参""红根"），在种植发展时要对品种进行认真区分。

三、丹参类药材性状特征及分类检索

1. 丹参

 根茎粗大，顶端有时残留红紫色或灰褐色茎基。根1条至数条，砖红色或红棕色，长圆柱形或弯曲，有

的具分枝和须根，长10~20cm，直径0.2~1cm；表面具被纵皱纹，须根痕多风见；老根栓皮灰褐色或棕褐色，常呈鳞片状脱落，露出红棕色新栓皮，有时皮部裂开，显出白色细圆形的木质；质坚硬，易折断，断面不平坦，呈角质样或纤维性，木栓层为砖红色，皮部灰褐色或灰白色，形成层明显，木部黄白色，导管放射状排列。气微香，味淡，微苦涩。

栽培品较粗大肥实，直径0.5~2cm，表面红棕色或棕褐色，须根少，纵皱纹较细且稀疏。

2. 小紫丹参

具分枝的圆锥形，长5~15cm，直径0.4~1cm；

芦头具密集的叶痕而成节，常扭曲。根表面紫褐色，细根痕及纵皱纹，支根在分枝处常变细，略呈纺锤形。质坚脆，易折断；断面不平整，外层有时暗棕色，内圈呈紫红色、浅棕黄色。气微，味苦涩，微甘。

表2-2　几种丹参药材特征检索

1. 主根明显，圆锥形，一般不分枝，常扭曲成索状。

　2. 直径2~6cm；表面红褐色或紫褐色；质松脆。

　　3. 直径3~6cm；红褐色 ………甘肃丹参（甘西鼠尾）

　　3. 直径2~4cm；紫褐色 ………大滇丹参(褐毛甘西鼠尾)

　2. 直径0.5~1.2cm；表面黑褐色；质松易碎或较韧…………………………………黄花丹参（黄花鼠尾）

1. 主根不明显，纺锤形或圆柱形，多分枝。

4.纺锤形…………………………滇丹参（云南鼠尾）

4.圆柱形。

  5.细长圆柱形，有纵棱，直径0.5～4mm……小红丹参（三叶鼠尾）

  5.圆柱形或圆锥形，无纵棱，直径0.1～1（～2）cm。

    6.砖红色，长10～33cm，直径1～7mm；须根多数…………………………………………白花丹参

    6.红棕色，长10～20cm，直径0.3～1.5cm；须根少数……………………………………………丹参

      7.直径0.3～1cm，外皮疏松，易呈鳞片状剥落；质轻脆，断面有裂隙……………丹参野生品

      7.直径0.5～1.5cm，外皮紧贴，不易剥落；质坚实，断面呈角质状……………丹参栽培品

第三章　生物学特性

一、生长发育习性

丹参和滇丹参系多年生草本，适宜于温暖湿润的气候环境。具有耐旱、耐寒、怕涝、适应性强的特性。地下水位宜低，坡度在8°～15°的缓坡地带种植。海拔在2000m以下、气温高的地区生长不良，产量不高，油分和香味不足，根易疏松和木质化。而黏土及排水差的地种植病害多，产量、质量均差。

丹参或滇丹参在云南一般3月播种（春播），也有的在7～8月播种（秋播），保持一定的湿度(现多采用地膜覆盖)，温度在12～18℃范围，种子吸收其体重40%左右的水分开始萌发，大约15天即可出苗，20天为其出苗盛期。生长期为2～3年，进行生长期的管理后，在第二年或第三年8～9月份茎秆由青色变褐色，种子即成熟接近脱落，选择无病害健壮植株采集阴干留种，秋季茎叶枯黄后采挖。

1. 萌动期

丹参植株在3～4月，土表下深5厘米处地温达10℃时开始返青。

2. 旺盛生长期

丹参的茎叶在3～6月生长较快,该期的后期即陆续开花结果。

3. 根及根系生长期

丹参的根在7～9月生长迅速,茎中部以下部分或全部叶约在7～8月脱落;结果后花序轴即枯萎,由植株亚顶端及其下部节上的腋芽抽生新枝和新叶,同时形成新的基生叶;该期的后期根系快速分枝、膨大。

4. 枯萎期

9～10月种子成熟,植株地上部分开始枯死。

二、对土壤及养分的要求

丹参为多年生草本植物,根系发达,深度可达60～80cm,属深根性植物。所以,要求以地势向阳,土层深厚、中等肥力、排水良好的沙质壤土栽培为宜。在土壤过于肥沃的地块中其根生长不壮实;生长在水涝、排水不良的低洼地则会烂根。土壤酸碱度以pH值6.5～7.5为好。土壤过黏,通气和排水不良时,常引起烂根,以致全株枯萎;土壤过沙,保水能力差,也会导致减产并造成品质不佳。鼠尾属药用根植物,要求土层深厚,土层在0.5m左右,土壤pH值6.5～7,地下水位低,保水排水性能良好,肥沃疏松的沙壤土或壤土。老产区以森林质化土最好;新垦地表土黑色,心土红褐色的"黑油沙地"及表土色浅,黑土色稍深的"白油沙

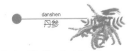

地"，用腐殖质的沙壤土栽培，这些土适宜丹参生长，产量高质量好。沉沙土、石渣土或黏土及土层薄的地均不宜种植。土壤农残和重金属含量达到GB15618—1995二级标准。

丹参的吸肥能力很强，它可依靠根系从土壤的表层与深层吸收养料。一般在中等肥力的土壤中即可良好生长；若能施足基肥、生长期间适时追施氮肥则生长更好。丹参喜氮、磷、钾肥。适时追加，有利于提高产量。

三、对气候的要求（温度、光照、空气、水分）

气候指标：海拔在2000～3200m；年均8～17℃，≥10℃活动积温2000～3400℃，极端最高温度<35℃，极端最低温度>-14℃；无霜期120至200天，年降水量800～1200mm左右，平均相对湿度77%，全年空气湿度68～75%的地区。丹参在8～25℃的温度范围内均可萌发，适宜温度为20～26℃，温度低于8℃或高过30℃萌发均受到抑制。气温降至-5℃时，茎叶受伤害；地下部分能耐-15℃的低温，因此可露天越冬。土壤水分要求常年保持在22%～35%之间，土壤湿度低于15%，丹参植株会出现萎蔫。滇丹参(云南鼠尾)适应范围更偏向于南亚热带，气温可更高，海拔在1800m以下，可先行试验种植发展。

最适宜区：包括滇西北及滇西，即玉龙、古城、维西、香格里拉、兰坪、德钦、宁蒗、大理、剑川、鹤庆、漾濞、贡山、兰坪等县、市、区。滇丹参在红河、文山、玉溪等地区。海拔2500～3300m的高寒山区及高原平坦牧场；滇丹参在荒山林缘与灌丛边缘闲置坡地。丹参生长发育所需要的光、温、热、水、肥以及土质均能得到满足，这些地区种植的丹参或滇丹参，根茎粗壮，质量好。

次适宜区：包括云龙、永胜、泸水、腾冲、保山、昌宁、凤庆、永德、镇康、施甸、龙陵、永平、南涧、禄劝等以及曲靖、昭通大部分地区。这些地区海拔在2500m以上的冷凉高山草地或轮歇地也可种植，自然条件基本满足丹参或滇丹参生长发育所需要的光、温、热、水、肥条件，但产量与质量都比不上最适宜地区。

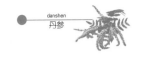

第四章　栽培管理

一、选地、整地

（1）应选择阳光充足、排水良好、地下水位较低的沙质壤土，要求土层深厚，质地疏松，pH值6.5～7.5。而不宜选用荫蔽、低洼积水、土质黏重、地下水位较高的地块。忌连作，忌与豆科作物或其他根类药材轮作。可与小麦、玉米、大蒜等轮作。

（2）丹参是根类药材，生长期较长，因此，应在选好的地块上施足以磷肥为主的厩肥、饼肥作基肥。一般每亩施腐熟的农家肥4500～5000kg，过磷酸钙50kg或磷酸二铵20kg，深翻30～40cm，要求打破犁底层，以利根系的纵向生长，耕翻后，将地耙细整平。

（3）一般畦(墒)宽100～120cm，作业道宽30～50cm。在北方做成宽平畦，一般畦宽130～150cm；南方做成高15～25cm的高畦。地块周围要挖好排水沟；若畦过长的地块，应选用三沟配套，以保证排水通畅。

二、选种与处理

首先要选择品种纯正，成熟适宜的种子。留种植株的选择要健壮、生命力强，株形好，无病虫害的植株。丹参种子不耐久贮，采种后应立即进行播种。

种子分级：

一级种：千粒重不低于1.6g，饱满度不低于95%；发芽率不低于80%；净度不低于95%；含水量不高于12%；贮存期不超过1个月。

二级种：千粒重不低于1.4g，饱满度不低于90%；发芽率不低于60%~70%；净度不低于90%；含水量不高于12%；贮存期不超过1个月。

图4-1 大棚丹参育苗

图4-2　丹参种植地

三、播种

1. 春播育苗移栽

时间：春播，云南2月下旬至3月上旬；秋播8～9月。芒种至夏至、处暑至白露这两段时间为丹参的最佳播种时期。

方法：播种前将畦浇透水，待湿度适宜时播种丹参的种子为嫌光发芽型，因此应选用地势较高、土质疏松肥沃、排灌水方便的平地作为苗床；若选用山坡地作苗床，则要求坡向，向东偏北15°～30°方向。先翻耕苗床，施入沤熟的人粪尿作为基肥。将床土整细，做高畦，畦宽1.0～1.3m。

用种量：每亩0.6～0.75kg。

（1）条播

先留出10～15cm的畦头，按行距25～30cm横畦条播，覆土厚0.5～1cm。

（2）穴播

按行距25～30cm，株距20～25cm开穴播种，每穴播种8～10粒，覆土0.5～1cm。

在畦(墒)面上做拱形小棚，再用薄膜覆盖好。春播的幼苗经培育75天左右即可移栽，时间为5月中旬。

（3）种苗分级

一级：叶片深绿色；根长20cm以上，直径0.5cm以上。

二级：叶片绿色；根长15～20cm以上，直径0.4cm以上。

三级：叶片绿色；根长10～15cm以上，直径0.3cm以上。

（4）移栽

经70～80天，苗高可达6～10cm时可移栽。移栽前早晚要揭开薄膜进行炼苗。移栽时，提前2～3天将苗畦浇透水，以便起苗移栽；选用二级以上的种苗。

2. 秋季育苗移栽

（1）播种

①条播：按行距10～15cm开沟，沟深2～3cm，覆土厚0.5～1cm，能盖住种子即可，结合覆土将畦面刮

图4-3　丹参采收

平。

②撒播：用刮板将畦面刮平，留出一定数量的土作覆土用，将种子均匀地撒播于畦面上，播后用筛覆土0.5～1cm。

③播种后畦面上用稻草或草帘覆盖保湿，出苗后撒掉覆盖物。出苗高达5～8cm时按株距5cm左右定苗。经常除草松土并往根部培土。生长前期，结合松土除草追施牲畜粪水肥或尿素。生长后期，追施适量过磷肥或有机生物肥。

（2）种苗分级

一级：根长20cm以上，直径0.5cm以上。

二级：根长15～20cm以上，直径0.4cm以上。

三级：根长10～15cm，直径0.3cm以上。

（3）移栽

春播的幼苗经培育75天左右，翌年早春芽未萌动前移栽,时间为5月中旬。若播种时间是处暑至白露，则宜在当年10月下旬至11月上旬，将已经培育2个月的幼苗移入大田。宜早不宜迟，早移栽，早生根，翌年早返青。移栽时，按行距35cm，株距25cm横畦栽植，按此株行距开穴，穴深依幼苗根部的长度而定，穴底施入适量粪肥作基肥。将腐熟的粪肥与穴土拌均匀后，每穴栽种1～2株，栽植深度以芽心微露为度，不宜过深或使根茎露于土外。栽后覆土至与地面相平，覆土厚3～5cm。用手稍压，压后及时浇足定根水。

3. 分根繁殖

在收获时，留作种用的不采挖，翌年2～3月随栽随挖，作种用种根选择直径为0.7～1cm，健壮、无病虫害，皮红色的一年生根，取根系萌动力强的部分作为种苗。把种根切成5～7cm长的段。

4. 扦插繁殖

北方可在6～7月，南方可在4～5月，选取健壮无病的丹参枝条，自根茎处截下，切成带2～3个芽的小段，下部切口应选择最下方一个芽下1cm左右的部位，削成马蹄形。剪除下部叶片，若叶过大，可将上部叶剪去一半，按行株距25cm×15cm，将插条以上截口向北斜插于苗床，插入角度约为45度，深为插条的1/2，2/3，覆

土，压紧。插时应边剪边插，不能将插条久放，否则影响插条成活率。插后及时浇水并适当遮阴。此后15～20天内应每天早晚喷水保湿，待最下部的茎节处的新根长至3～5cm时即可定置。按行距30cm，株距20 cm挖穴栽植，每穴栽1～2个，覆土厚2～3cm。栽种时要边切边栽，每亩用种量约30～40kg。

四、田间管理

1. 中耕除草

丹参前期生长较慢，应及时松土除草，以免杂草与丹参苗争夺养分和水分。通常要求松土除草2～3次。松土时要浅锄，不能深锄，以防损伤根部。

2. 肥分管理

丹参属于喜肥植物，因此播种时要施足基肥，肥料以农家肥为主，如腐熟的猪、羊圈肥，施用量为每亩1000～1200kg。除施足基肥外，还须追肥2～3次，第一次在4月上旬齐苗后，返青时施提苗肥，每亩用稀薄人畜粪水1500kg；第二次于4月中旬至6月上旬施。不留种的地块可在剪过花序后，每亩施腐熟人粪尿2000kg、饼肥50kg；第三次在6月下旬至7月中、下旬，剪过老秆以后，结合中耕除草，施长根肥，宜重施。每亩施入腐熟的浓粪尿2000kg、加过磷酸钙25kg、饼肥50kg。第二次和第三次追施可沟施或穴施，施后覆土盖肥。

3. 水分管理

丹参忌涝、忌积水，因此应及时清理排水沟，保持排水畅通，防止多雨季节使丹参受涝。伏天及遇持续干旱时应及时灌水，可沟灌或喷灌。沟灌应在早晚进行，灌溉完毕后应及时将多余的水分排出，以免积水；雨季要及时清沟排水。

4. 摘苔

通常情况下，丹参4月下旬至5月陆续抽薹开花，不采种的丹参应从4月中旬开始，陆续将抽生出的幼花序掐掉。要求早摘、勤摘，最好每隔10天摘或剪一次，以使养分集中于根部生长。

5. 剪老秆

留种地应在采收过种子后，剪除衰老或枯萎的茎叶，以促使新叶与新枝的生长，进而促进根部继续生长。方法是在夏至到小暑期间将地上部分全部剪掉。

第五章　农药使用及病虫害防治

一、农药使用准则

丹参种植生产应从整个生态系统出发，综合运用各种防治措施，创造不利于病虫害滋生而有利于各类天敌繁衍的环境条件，保持整个生态系统的平衡和生物多样化，减少各类病虫害所造成的损失。优先采用农业措施，通过认真选地、培育壮苗、非化学药剂种子处理、加强栽培管理、中耕除草、深翻晒土、清洁田园、轮作倒茬等一系列措施起到防治病虫的作用。特殊情况下必须使用农药时，应严格遵守以下准则。

（1）允许使用植物源农药、动物源农药、微生物源农药和矿物源农药中的硫制剂、铜制剂。

（2）严格禁止使用剧毒、高毒、高残留或者具有三致（致癌、致畸、致突变）农药。

（3）允许有限度地使用部分有机合成化学农药。

①应尽量选用低毒、低残留农药。如需使用未列出的农药新种类，须取得专门机构同意后方可使用。

②每种有机合成农药在一年内允许最多使用1~2次。

③最后一次施药距采挖间隔天数不得少于30~50天。

④提倡交替使用有机合成化学农药。

⑤在丹参种植时禁止使用化学除草剂。

二、肥料使用准则

肥料使用准则应该遵循中华人民共和国农业部发布的《肥料合理使用准则（通则）（NY/T 496-2002）》，以及其他的相关标准或规定。同时，应该注意：施用肥料的种类以有机肥为主，根据丹参生长发育的需要有限度地使用化学肥料；施用农家肥应该经过充分腐熟达到无害化卫生标准；禁止施用城市生活垃圾、工业垃圾及医院垃圾。

三、病虫害防治

1. 病害

（1）叶枯病

症状：从植株下部叶片开始发病，逐渐向上扩展。初期叶面产生褐色、圆形斑块，若无防病措施，病斑将不断扩大，中心部变成灰褐色，最后叶片焦枯，植株死亡。

发病时间：5月初开始，会一直延续到秋末，其中以6~7月份最严重。

防治方法：

①选用无病健壮的植株采种，下种前用波尔多液(1∶1∶100)浸种10分钟消毒处理。

②加强管理，增施磷、钾肥，及时开沟排水，降低湿度，增强抗病力。

③发病初期，喷洒60％代森锌600倍液或50％多菌灵800倍液。7～10天喷1次，连续喷2～3次。

（2）菌核病

症状：病原菌先侵害植株茎基部、芽及根茎部，浸染部位会变成褐色并逐渐腐烂。病部表面、附近土面及茎秆基部内会产生灰黑色的鼠粪状菌核和白色的菌丝体。随着病势的发展，病茎上部及叶片逐渐发黄，最后整个植株枯死。

防治方法：

①防止地块及沟渠积水。

②发病期可用50％氯硝铵0.5kg加石灰10kg混拌后撒在病株茎基部及附近土壤上，以防止病害蔓延。

（3）根腐病

症状：受害植株的细根先发生褐变，后变干变腐，并逐渐扩展至粗根。后期根系全部腐烂，植株地上部亦萎蔫枯死。

发病时间：多在5～11月份发生。

防治方法：

①实行轮作，并选择地势高，干燥的山坡地种植。

②加强管理，增施磷、钾肥，疏松土壤，促进植株生长，提高抗病力。

③发病初期用70%甲基托布津800～1000倍液喷洒。

（4）根结线虫病

症状：丹参易受根结线虫侵害，这是一种寄生虫病。受害植株根系上会形成瘤状肿块，且细根和粗根各个部位的肿块大小不一，形状各异。瘤状体初为黄白色，外表光滑，后变成褐色，最后破碎腐烂。虫瘿的剖面呈透明状，内含无色透明小粒。染病植株吸收水分及土壤内养分能力降低，致使植株枯死。

防治方法：

①水旱轮作，有利淹死线虫，减轻危害。

②选择肥沃的土壤，避免沙性过重的地块种植，减轻线虫病发生。

2. 虫害

（1）粉纹夜蛾

症状：一般在夏、秋季发生，幼虫喜啃食叶片。粉纹夜蛾每年发生5代，第二代幼虫于6～7月开始危害丹参叶片，7月下旬至8月中旬危害最为严重。

防治方法：

①收获后将病株集中烧毁，以杀灭越冬虫卵。

②可于地中悬挂黑光灯，诱杀成蛾。

③幼虫出现时，用10%杀灭菊酯2000～3000倍液或25%灭幼脲100倍液喷雾。每周1次，连续喷2～3次。

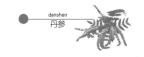

（2）棉铃虫

幼虫喜危害丹参的花蕾、花和果，严重影响种子的产量。

防治方法：现蕾期开始喷洒50％磷胺乳油1500倍液，或用25％杀虫脒水剂500倍液防治。

第六章　采收及加工

一、种子的采收及加工

　　丹参栽植后第二年即开花结实。成熟种子要及时采收，否则会自行散落地面。每年5月下旬或6月初，丹参的种子即开始陆续成熟，成熟顺序是顶端花序下部先成熟，上部后成熟。成熟的识别标志是宿存花萼变黄。因此，应于宿萼变黄且尚未完全干枯时即可采收，且应分期分批采收。

　　丹参的果实是坚果，果实成熟后果皮不开裂。因此，应将采收后的果实暴晒3天(要求将果实完全晒干，避免霉烂生虫)，脱粒，净种后即可装袋，然后放在凉爽通风干燥处保存备用。

　　因秋后地上部分死亡，养分集中于地下部分，故秋季采收的丹参质量较好。

　　若采用无性繁殖，则丹参可在当年秋天进入霜期后或于第二年开春萌发前收获。若采用的是种子繁殖，则应在第二年秋天进入霜期后或第三年春季萌发前收获。

　　丹参根系入土较深，质脆、易断，因此，应在晴天上午或下午挖取。挖时应根据丹参根的长度而挖深坑，

挖坑时应参照地上部分茎的幅宽，适当放大，尽量避免挖断根系，降低商品品质。将根全部挖出后，应细心地取出全部根系，置于田间暴晒至泥土干燥后抖掉泥土(忌用水洗)，去掉残茎、叶和须根。运回加工。

北方采挖后晒干即成；南方须在阳光下晒至半干后堆渥"发汗"。堆闷4～5天后晾堆1～2天。晾堆后要及时进行"倒堆"，也就是将原堆表层的丹参全部堆在下面和里面，原堆里面的堆在上面和外面，使其均匀"发汗"，然后加盖芦席继续堆闷至根条木质部由白色变成紫黑色时再摊开堆子，晒至全干，用火燎去根条上的细须根；据现代研究丹参须根中含有大量有效成分，可根据用户要求，不除去须根。将根条放入箩筐内，轻轻震摇以除去根条上附着的泥灰及未去掉的须根即成药材。将药材贮于干燥通风处，防霉防蛀。

二、质量规格

根据国家药品监督管理局、中华人民共和国卫计委制定的药材商品规格标准，丹参商品分野生、家种两种规格。

1. 野生

统货干货。呈圆柱形，条短粗，有分枝，多扭曲，表面红棕色或深浅不一的红黄色，皮粗糙，多鳞片状，易剥落。体轻而脆。断面红黄色或棕色，疏松有裂隙，有筋脉白点。气微，味甘微苦。无芦头、毛须、杂质、

霉变。

2. 家种

一级干货：呈圆柱形和长条形，偶有分枝。表面紫红色或黄红色，有纵皱纹。质坚实，皮细而肥壮。断面灰白色或黄棕色，无纤维。气弱，味甜、微苦。多为单枝，头尾齐全，主根上中部直径在1cm以上。无芦茎、碎节、须根、杂质、虫蛀、霉变。

二级干货：呈圆柱形或长条状，偶有分枝。表面紫红色或黄红色，有纵皱纹。质坚实，皮细而肥壮。断面灰白色或黄棕色，无纤维。气弱，味甜、微苦。主根上中部直径1cm以下，但不得低于0.4cm。有单枝及撞断的碎节，无芦茎、须根、杂质、虫蛀、霉变。

三、包装、贮藏、运输

用麻袋包装。所使用的麻袋应清洁、干燥，无污

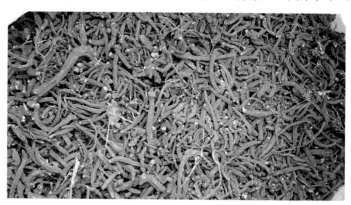

图6-1　滇丹参商品图

图6-2　丹参商品图

染，无破损，符合药材包装质量的有关要求。在每件货物上要标明品名、规格、产地、批号、包装日期、生产单位，并附有质量合格标志。

进行批量运输时应不与其他有毒、有害，易串味物质混装，运载容器要有较好的通气性，保持干燥，并应有防潮措施。

仓库要通风、阴凉、避光，干燥，有条件时要安装空调与除湿设备，气温应保持在30℃以内，包装应密闭，以免气味散失；要有防鼠、防虫措施，地面要整洁。存放的货架要与墙壁保持足够距离，保存中要有定期检查措施与记录。

第七章 应用价值

一、药用价值

　　《中国药典》收载的丹参品种与《云南省药品标准》收载的滇丹参和褐毛甘西鼠尾功效与化学成分相似，后两者在云南及部分地区被广泛应用。由于云南产丹参类药材所含的多组分化学成分较高，在药理研究中发现具有明显的抗缺氧，扩张冠状动脉，镇静，抗菌作用。成为制剂研究和临床应用的热点品种，在复方制剂中广泛用于冠心病、心绞痛、心肌梗塞和脑血管疾病，丹参类药材是中成药的重要原料。

　　现代药理研究也明确了其抗血栓形成、抗动脉粥样硬化、扩张冠脉、增冠脉流量、抗菌、抗炎作用等作用。故近年来丹参类药物多被运用于血瘀类疾病的治疗，如治疗心绞痛中成药中，以丹参为君药，辅以补虚药和活血祛瘀药为臣药，达到调理治疗的目的。如理气药丹参+黄芪、丹参+川芎、丹参+三七；安神药和温里药为臣,佐以化痰止咳平喘药、止血药，辅以解表药、开窍药及清热药为使丹参与补益药、活血祛瘀药相互协同共奏治疗心绞痛之功效。因此，丹参类药材在治疗

心血管系统疾病上起到了不可替代的作用。

二、 经济价值

　　云南由于丹参类药材资源最为丰富，生长适应范围广，如滇丹参分布于南亚热带和中亚热带地区，但这一区域内经济较发达，资源基本枯竭。由于滇丹参具有确切疗效，对滇丹参开发使用从20世纪中期就开始，资源消耗较大，产量锐减。云南人对该品种的应用时与三七、木香、香橼、佛手等调理气血药材配伍，对于心血管系统疾病具有明显的功效，深受中老年朋友喜爱。褐毛甘西鼠尾主产于云南西北部高海拔地区，野生资源比较丰富，是许多药厂指定的中成药制剂重要原料。云南丹参类资源分布区域和适宜种植区域广泛，多集中于少数民族较为贫困地区。积极引种优质丹参药材，驯化栽培本地丹参资源必将助力各民族贫困地区的脱贫奔小康。随着人们康复保健意识的增强，对丹参类药材资源研究的深入，发展云南丹参类药材的前景将会十分美好！

参考文献

[1]么厉，等．中药材规范化种植(养殖)技术指南[M]．北京：中国农业出版社，2006．

[2]云南省药物研究所．云南重要天然药物[M]．昆明：云南科技出版社，2006，1．

[3]徐国钧，等．常用中药材品种整理和质量研究[M]．福州：福建科学技术出版社，1994，1．

[4]国家中医药管理局．中华本草[M]．福州：福建科学技术出版社，1994，1．